"十四五"时期国家重点出版物出版专项规划项目

◄ 农 业 科 普 丛 书 ►

图说小麦生产全程机械化
收获篇

何 勋 兰明明 屈 哲 祝英豪 编著

U0272082

中国农业科学技术出版社

图书在版编目（CIP）数据

图说小麦生产全程机械化.收获篇 / 何勋等编著
. 一北京：中国农业科学技术出版社，2024.6
ISBN 978-7-5116-6276-7

Ⅰ.①图…　Ⅱ.①何…　Ⅲ.①小麦－农业生产－农
业－农业机械化－图解　Ⅳ.① S233.72-64

中国国家版本馆 CIP 数据核字（2023）第 081231 号

责任编辑　姚　欢
责任校对　王　彦
责任印制　姜义伟　王思文

出 版 者　中国农业科学技术出版社
　　　　　北京市中关村南大街 12 号　　邮编：100081
电　　话　（010）82106631（编辑室）（010）82109702（发行部）
　　　　　（010）82109709（读者服务部）
传　　真　（010）82106631
网　　址　https://castp.caas.cn
经 销 者　各地新华书店
印 刷 者　北京科信印刷有限公司
开　　本　140 mm×203 mm　1/32
印　　张　2
字　　数　50 千字
版　　次　2024 年 6 月第 1 版　2024 年 6 月第 1 次印刷
定　　价　60.00 元（全 4 册）

序 言
PREFACE

　　长期以来，党中央、国务院高度重视农业机械化发展。早在 1959 年，毛泽东主席就作出了"农业的根本出路在于机械化"的著名论断。2018 年，习近平总书记在黑龙江北大荒建三江国家农业科技园区考察时指出，大力推进农业机械化、智能化，给农业现代化插上科技的翅膀。实现传统农业向现代农业的转变，关键是依靠科技进步。农业机械化是应用农业科技的主要载体。2024 年中央一号文件对有效推进乡村全面振兴给出了指导意见，其中明确提出要大力实施农机装备补短板行动。近年来，我国农机装备总量持续增长，作业水平不断提升，社会化服务能力显著增强，带动农业生产方式、组织方式、经营方式深刻变革。农业机械化快速发展，为增强我国农业综合生产能力、加快农业现代化提供了有力支撑。

　　国家小麦产业技术体系长期致力于小麦良种培育、病虫草害防控、栽培与土肥技术、加工贮藏、产业经济、机械化等产业重点任务，集中全国优势力量，开展技术攻关和成果应用，有效保障了小麦产业健康发展。小麦全程机械化生产能有效提升生产效率，提高小麦产量，保证小麦品质。进一步加快推进小麦全程机械化，推动小麦产业绿色高质量发展，提高小麦自主产能，对保障我国粮食安全具有重要意义。

小麦生产全程机械化技术主要涉及耕、种、管、收等环节，包括秸秆处理与土地耕整、精少量播种、节水灌溉、高效植保、联合收获、小麦烘干等农机农艺融合技术。我国科技工作者根据小麦不同产区实际情况开发出一系列全程机械化生产技术与模式，并持续平稳推进。通过先进农机技术集成和农机农艺融合，有效提高了农机化水平和作业效率，达到了简化作业环节、降低生产成本、增产增收的目的。同时，示范带动了其他作物生产全程机械化水平的提高，利用机械化手段实现农业绿色生产，促进了农业可持续发展。

《图说小麦生产全程机械化》一书包括耕播篇、灌溉篇、施肥与施药篇、收获篇。国家小麦产业技术体系机械化功能研究室积极探索新型表现方法，采用大众喜闻乐见的漫画、刨根问底的问答形式，兼顾真实性、启迪性和普及性，凝练小麦整地、播种、灌溉、施肥、施药和收获机械化技术要点和装备特征，解答种植户关心的各类小麦机械化问题。全书语言通俗易懂，内容丰富，可帮助读者在较短时间内准确地了解小麦全程机械化的流程并快速找到自身所需要的内容。相信本套图书的编撰出版能为小麦全程机械化技术培训提供科普教材，有效提高读者对小麦机械化生产技术的认识水平，推动小麦生产全程机械化技术普及与应用，助力小麦绿色高效生产。

国家小麦产业技术体系首席科学家

2024 年 4 月

前言
PREFACE

　　小麦是我国最重要的粮食作物之一，小麦产业的高质量发展对保障国家粮食安全、推动乡村振兴至关重要。农业机械化是小麦高效优质生产的重要保障。当前，我国小麦机械化技术装备正由数量增加持续向质量提升转变，普及和推广高水平小麦全程机械化生产技术装备，对促进小麦生产向绿色可持续方向发展具有重要意义。

　　《图说小麦生产全程机械化》为系列丛书，共分四册。本套图书内容上结合我国小麦主产区生产特点，围绕耕、种、管、收生产环节详细介绍了小麦全程机械化生产技术装备，以漫画的形式，通过人物对话总结了耕播、施肥施药、灌溉、收获各个生产环节的技术装备与作业要求；技术上兼具实际操作性，突出创新性，精选了当前生产上的新技术。

　　本套图书适用于广大农作物种植企业、合作社、家庭农场、基层农技推广人员以及农林院校相关专业师生阅读。

　　由于时间和作者水平有限，书中难免存在不足之处，欢迎广大读者批评指正！

编　者

2024 年 4 月

1

4

需要提前准备什么呢？

准备些水泵，汛期要及时排水。做好与有履带式拖拉机、履带式联合收割机的机手联系，附近要有能提供烘干服务的合作社。

5

7

9

日常保养需要做些什么呢？

需要定期关注铰接处润滑情况、连接件紧固情况、密封件是否需要更换或调整、茎秆通道是否堵塞，以及燃油、机油、冷却液等是否充足。

换季保养：
（1）检查变速箱内齿轮油，定期更换。
（2）将发动机及水箱的冷却水放掉。
（3）清洗柴油滤清器。
（4）履带机应使履带还原，链条浸泡在柴油中。
（5）维护保养发电机，清理并润滑轮齿。
（6）检查蓄电池的电解液液面高度。

换季保养需要做些什么呢？

收获季节结束后，联合收割机要有很长的封存、停用时间，为减缓部件老化，需要换季例行技术保养。除日常保养的全部内容外，还应对变速箱、发动机、滤清器、皮带、电气设备、蓄电池进行保养维护。

11

13

14

根据NY/T 995—2006《谷物（小麦）联合收割机械 作业质量》要求，全喂入联合收割机收获总损失率小于2.0%、籽粒破损率小于2.0%、含杂率小于2.5%，无明显漏收、漏割。割茬高度应一致，一般不超过15厘米，留高茬还田最高不宜超过25厘米。机械作业后无油料泄漏造成的粮食和土地污染。

具体怎么规定的？

按作业质量标准来评判。

15

16

17

18

19

卸粮筒出口加装防护罩，
防止卸粮损失。

运粮车一次不能装得太满，
咱们可以多跑两次！

20

$$S = \frac{M_T}{Y} \times 100\%$$

S——小麦颗粒田间损失率，%；

M_T——机收后田间小麦损失质量，千克/亩；

Y——收获区田间小麦理论产量，千克/亩。

收获作业损失该怎么计算呢？

先计算田间小麦理论产量，取样测出机收后田间小麦损失质量，按照计算公式来算。

22

23

拨禾轮的高低位置由驾驶室内拨禾轮液压升降手柄操纵实现。收割时，拨禾轮的弹齿或压板以作用在小麦高度2/3处为宜。拨禾轮前后位置靠移动拨禾轮轴承座在升降支臂上的位置调节。拨禾轮往前调，拨禾作用增强，铺放作用减弱；往后调作用相反。一般要求拨禾轮弹齿与割台螺旋喂入搅龙间距不小于20毫米。

拨禾轮的位置该怎么调节呢？

拨禾轮的位置分为高低位置和前后位置，需要根据小麦植株高度以及所需拨禾作用的强弱进行调节。

技术要点：

(1)割刀重合度调整：动刀片处于两端极限位置时，刀片中心线应与护刃器中心线重合，其偏差不大于5毫米，应将摆环箱的摆臂处于相应的极限位置，通过调整刀头和弹片之间的位置来保证重合度。

(2)割刀间隙调整：动刀片和压刃器工作面的间隙范围为0.1~0.5毫米。可加减调节垫片，或用榔头轻轻敲打压刃器。调整后的动刀应左右滑动灵活。

为什么切割器总是夹秸秆呢？

这主要是由于割刀间隙过大，动刀位置偏移导致的，需要进行调整。

27

28

技术要点：
主要应注意链耙的松紧度必须适当。调整时，打开输送装置上的盖板，用手在链耙中部向上提起，提起高度应该为20~35毫米，保证下边链耙耙齿和过桥底板的间隙为10毫米左右。过紧，可同时左旋链条，调松螺母；过松，可同时右旋链条，调紧螺母。

为什么联合收割机过桥总是堵？

那是因为过桥链耙过松，链耙与底板间隙减小，甚至相互摩擦，就容易造成堵塞，这时需要调节链耙松紧度了。

为什么会出现脱不净的现象？

可能是脱粒滚筒转速过低，或者是脱离间隙过大的缘故。小麦联合收割机脱粒滚筒转速一般为1100~1200转/分，凹板间隙为10~12毫米，以达到最佳的脱粒效果。调整过程要保证凹板间隙调整幅度一致。

技术要点：

作业时，如发现籽粒清洁度不好，可松开调风板螺母，将调风板向下调整使风量调大；如发现筛面有跑粮现象，可将调风板向上调使风量调小。但要求机器左右两侧同时调整。或者作业时，如发现筛面在不堵塞时有跑粮现象，除了将调风板向上调使风量调小以外，也可以把上筛片、下筛片、尾筛片向上调整，反之收获时发现杂草较多、堵塞筛面则应向下调整。

粮箱籽粒的含杂率高如何处理？

如果粮箱内含的茎秆和颖糠太多，也就是说籽粒的含杂率太高，这和筛片的开度和风扇的风力大小有直接关系。

技术要点：
通常情况下联合收割机应满幅作业，但喂入量不能超过规定的许可值，在作业时不能有漏割现象，割幅以割台宽度的90%为宜，但当小麦产量过高或湿度过大时，以最低挡作业仍超载时，就应减小割幅，一般割幅减少到80%时即可满足要求。

路边那块地，就是我家的！

好嘞！马上收割！

记住作业要领哟！一要作业幅宽大小要适当！

32

向心回转法　　　　　　　梭形收割法

二要选择正确的作业路线，总的原则是卸粮方便、快捷，尽量减少机车空行。

这作业效率高呀！

技术要点：

正常收割时，不允许用降低油门的方法来降低行驶速度，以免造成作业质量下降或堵塞。如遇到沟坎等障碍物或倒伏作物需降低前进速度时，可通过无级变速手柄适当降低前进速度；若仍达不到要求，可踩离合器摘挡停车，待滚筒中小麦脱粒完毕时，再减小油门挂低挡减速前进。减小油门换挡速度要快，一定要保证再收割时能加速到规定转速。

我看秸秆打捆的形状有方的，也有圆的，这两种打捆哪种好呀？

可以根据不同的地形环境、面积、草捆密度、秸秆尺寸来选择合适的打捆机。

40

41

42

一定要降低收割速度。根据倒伏的严重程度选择合适的收割速度，一般以较低的速度为宜，以保证不漏割。

好的，这样保证割台喂入搅龙输送负荷均匀，既可保证减少损失，又能防止负荷不均匀造成的割台、脱粒滚筒堵塞，以及堵塞引发的零件损坏故障。

43

技术要点：

将拨禾轮向前调整，使弹齿的位置在最低点时处于护刃器前端15~20厘米，拨禾轮高低位置以弹齿可以接触到地面，或距地面2~5厘米为宜，调整时，要以保证切割器在切割作物前，拨禾轮首先将倒伏作物扶起为基本原则。

具体操作时，应该注意哪些要点呢？

一是做好拨禾轮前后、高低位置调整。

技术要点：

由于收割倒伏小麦时，拨禾轮扶起小麦的阻力比正常收获时要大得多，为保证弹齿有效扶起小麦，延长弹齿与小麦的接触时间，一般弹齿角度向后或向前偏转15度或30度。顺倒伏小麦收割时，弹齿向后偏转；逆倒伏小麦收割时，则弹齿向前偏转。使弹齿在最低位置时尽量靠近地面，以便抓起秸秆，但不能接触地面。

二是做好拨禾轮弹齿角度的调整。

45

技术要点：

由于收获倒伏作物时，负荷增大且不均匀，脱粒入口间隙在保证脱粒效果的同时，尽可能增大入口间隙，防止喂入不均匀引发堵塞等故障。倒伏小麦由于割茬低加上根部含水率高，喂入量一般会大幅增大，脱出物水分含量高，清选分离难度增大，因此，要适当增加风量，调好风向和筛子的开度，以糠中不裹粮为宜。

三是做好脱粒清选系统的调整。

四是加装辅助装置。可以加装加长分禾器或扶倒器。做好割台高度的控制。割台底板轻触地面，割刀距地面高度视倒伏情况调整低于10厘米为宜，割茬高度一般不宜超过5厘米。

这样就可以大大减少倒伏地块收获损失了！

去年有的地方机器少，收太晚，麦子熟透了，有落粒损失。

要掌握过熟小麦收获方法，减少收获损失。小麦过度成熟时，茎秆过干易折断、麦粒易脱落，脱粒后碎茎秆增加易引起清选困难，收割时应适当调低拨禾轮转速，防止拨禾轮板击打麦穗造成掉粒损失，同时降低作业速度，适当调整清选筛开度，也可安排在早晨或傍晚茎秆韧性较强时收割。

49

51

52

54